植物有故事，植物不简单

热带植物有故事

海南篇

香料饮料·珍稀林木·花卉·南药·棕榈·水果

崔鹏伟 张以山等 / 主编

首批全国优秀出版社

中国农业出版社
农村读物出版社

图书在版编目（CIP）数据

热带植物有故事. 海南篇. 花卉 / 崔鹏伟，张以山主编. — 北京：中国农业出版社，2022.8
ISBN 978-7-109-30576-2

Ⅰ.①热… Ⅱ.①崔… ②张… Ⅲ.①热带植物－海南－普及读物 Ⅳ.①Q948.3-49

中国国家版本馆CIP数据核字（2023）第057318号

热带植物有故事·海南篇　花卉
REDAI ZHIWU YOU GUSHI·HAINAN PIAN　HUAHUI

中国农业出版社出版
地址：北京市朝阳区麦子店街18号楼
邮编：100125
特邀策划：董定超
策划编辑：黄　曦　　　责任编辑：黄　曦
版式设计：水长流文化　　责任校对：吴丽婷
印刷：北京中科印刷有限公司
版次：2022年8月第1版
印次：2022年8月北京第1次印刷
发行：新华书店北京发行所
开本：710mm×1000mm　1/16
总印张：28
总字数：530千字
总定价：188.00元

编委会

主　　编：崔鹏伟　张以山

副 主 编：尹俊梅　朱安红

参编人员：陈金花　谌　振　郭玉华　徐世松　陆锦萍
　　　　　李亚梅　杨光穗　明建鸿　李后红　张宇婷
　　　　　明斯妤　赵云卿

海南植物有故事

我国是世界上植物资源最为丰富的国家之一，约有 30 000 种植物，占世界植物资源总数的 10%，仅次于世界植物资源最丰富的马来西亚和第二位的巴西，居世界第三位，其中裸子植物 250 种，是世界上裸子植物种类最多的国家。

海南植物种类资源丰富，已发现的植物种类有 4 300 多种，占全国植物种类的 15% 左右，有近 600 种为海南特有。花卉植物 859 种，其中野生种 406 种，栽培种 453 种，占全国花卉植物种类的 10.8%；果树植物 300 多种（包括变种、品种和变型），占全国果树植物种类的 8.5%；《海南岛香料植物名录》记载香料植物 329 种，占全国香料植物种类的 25.3%；药用植物 2 500 多种（有抗癌作用的植物 137 种），占全国药用植物种类的 30% 左右；棕榈植物 68 种，占全国棕榈植物种类的 76.4%。

在众多植物资源中，许多栽培历史悠久的经济作物，生产的产品包括根、茎、叶、花、果等，不仅具有较高的营养价值和药用价值，还具有很高的观赏、生态和文化价值。古籍典故和不少诗词中，都有关于植物的记载。

中国热带农业科学院为农业农村部直属科研单位，长期致力于热带农业科学研究，在天然橡胶、热带果树、热带花卉、香料饮料、南药、棕榈等种质资源收集、创新利用中取得了显著的科研成果，对发展热带农业发挥了坚实的科技支撑作用。为保障我国战略物资供应和重要农产品有效供给、繁荣热区经济、保障热区边疆稳定、提高农民生活水平，做出了卓越贡献。

为更好地宣传普及热带植物的知识，中国热带农业科学院组织专家编写了《热带植物有故事·海南篇》（花卉、水果、南药、香料饮料、棕榈、珍稀林木）。

本套书共六分册，收集了热带地区具有故事性的热带植物品种近两百种，每个品种分植物的基本概况、与植物相关的文化故事两个主题进行编写，以植物品种介绍为基础，图文并茂，并附赠科普小视频，能够让广大读者更直观地认识各种热带植物，了解更多的与植物相关的文化故事，是一套颇具知识性、趣味性的热带植物科普读物，具有较高的学习价值和参考价值。

刘旭

2022 年 8 月

目录

木棉
Bombax ceiba L.

扫描二维码
了解更多

一　植物档案

　　木棉别称红棉、英雄树、攀枝花，木棉科木棉属常绿乔木。主要分布在印度、斯里兰卡、马来西亚和中国的热带、亚热带地区。在我国有 2 个种，为长果木棉和木棉，是优良的园林树种。木棉的花大而美丽，树姿高大挺秀，是攀枝花、广州、潮州等市的市花。木棉花是云南民间常用的食材，具有清热除湿的作用。根和皮可以祛风湿、理跌打。种毛可作枕头、被子和救生圈等的填充材料。种子油可作润滑剂、制肥皂。木材轻软，可作蒸笼、火柴梗，可用于造纸等。

二 植物有故事

　　最早称木棉为英雄的是乐府诗《木棉花歌》，诗中写道"浓须大面好英雄，壮气高冠何落落"。据《西京杂记》记载，西汉时南越王赵佗向汉武帝进贡烽火树，据说这种烽火树就是木棉树。海南五指山还流传着一个传说，有位黎族老英雄名叫吉贝，屡次带领人民打退异族的侵犯。一次因叛徒告密，老英雄被捕，敌人将他绑在木棉树上严刑拷打，老英雄威武不屈，最后被残忍杀害，后来老英雄化作了木棉树。

Bombax ceiba L. 木棉 **3**

地涌金莲

Musella lasiocarpa (Franch.) C. Y.
Wu ex H. W. Li.

扫描二维码
了解更多

一 植物档案

地涌金莲别称千瓣莲花、地金莲，芭蕉科地涌金莲属多年生草本植物。先花后叶，花朵硕大，形如莲座。地涌金莲原产于中国云南、四川，海南亦有分布。花冠犹如从地面涌出的金色莲花，硕大、灿烂、奇美、清香、娇嫩，花期可长达半年之久，有"百日开花花不败"的美称。其茎汁可解酒毒及草乌中毒，花则具有止带、止血之功效，常用于白带、崩漏和便血治疗。

"滇中有奇葩，高不盈数尺；碧叶如芭蕉，假茎生荷花"——这正是对地涌金莲的描述。地涌金莲开花时犹如涌出地面的金色莲花，又名"千叶佛莲"。相传佛祖诞生之时，佛祖每走一步，脚下便会生出朵朵金色的莲花，这些莲花就是地涌金莲。此外，地涌金莲被佛教寺院定为"五树六花"之一，蕴含着镇宅保平安的意义，也是傣族文学作品中善良的化身和惩恶的象征，其花语是高贵典雅、万事如意。

Musella lasiocarpa (Franch.) C. Y. Wu ex H. W. Li.　地涌金莲　**5**

苏铁
Cycas Linn.

扫描二维码
了解更多

一 植物档案

苏铁别称凤尾蕉、避火蕉、铁树等，苏铁科苏铁属单干型乔木。一般株高在2米之内，但也有8米以上的记载，树干粗壮，圆柱形，有密集的螺旋状排列的菱形叶柄残痕。羽状叶呈鸟巢状分布，革质坚硬。产于我国南方各省，全国各地广泛栽培。作为优美的观赏树种，栽培极为普遍；在热带亚热带地区多栽植于庭园，江苏、浙江及华北各省区多栽于盆中，冬季置于温室越冬。苏铁种子含油和丰富的淀粉，供食用和药用，有微毒。

花

果实

二 植物有故事

　　"铁树开花"具有非常好的寓意，是祥瑞的征兆及美好幸福的象征，预示着生活美满幸福。铁树在自然环境中生长，如要开花，至少要孕育十年。苏铁果实大小如鸽卵，金黄有光泽，少则几十粒，多则上百粒，圆环形簇生于树顶，十分美观，有人称之为"孔雀抱蛋"，其茎内含淀粉，也可供食用，贵州地区人们常将其洗净后与猪脚同煮后食用。另外西双版纳有的少数民族采其嫩叶作蔬菜。苏铁花语：坚贞不屈、坚定不移、长寿富贵、吉祥如意。

红花玉蕊

Barringtonia acutangula (L.) Gaertn.

扫描二维码
了解更多

一 植物档案

红花玉蕊别称玉蕊，玉蕊科玉蕊属常绿乔木植物。树皮开裂，穗状花序，长而俯垂，长达70厘米或更长。原产自海南岛，常生长在滨海地区地下水位较高的林中或河流旁。红花玉蕊是一种优良的观赏花木，树姿优美，开花时成百上千个红红的花穗悬挂在树枝上，让人惊叹；长串的累累果实也极具观赏价值。根可入药，中药名为"水茄苳"。

二 植物有故事

在海南省儋州市村庄里还保存有较为完整的玉蕊古树群，沿河道分布约6公里长。每年5月到9月，玉蕊花开放时，村民们可伴着花香入眠；花朵凋落的时候，红色的花朵铺成一块花毯，甚是美丽。村民们把红花玉蕊当成"村宝"，用玉蕊的果实洗衣服、用叶子编制容器盛放食物，此外，玉蕊花还被当作年轻人定情的"信物"。大家都自觉地保护玉蕊，不允许村民或是他人破坏砍伐。村里的老人都说玉蕊是大自然赠予的礼物，大家都对其心存敬畏，自觉保护。

Barringtonia acutangula (L.) Gaertn. 红花玉蕊 **9**

龙船花
Ixora chinensis Lam.

扫描二维码
了解更多

一 植物档案

　　龙船花别称英丹、仙丹花、百日红，茜草科龙船花属常绿灌木。龙船花原产中国、缅甸和马来西亚，我国南方均有栽培。植株低矮，株形美观，花叶秀美，开花密集，花色丰富，有红、橙、黄、白及双色等。龙船花花期较长，每年3—12月均可开花，适合于庭园、宾馆、风景区配置。其花色艳丽，高低错落，景观效果极佳，是重要的盆栽木本花卉。

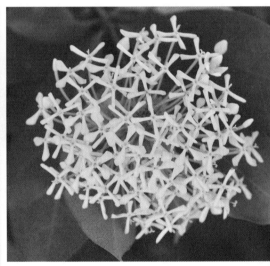

二 植物有故事

　　传说在中国的端午节时，划龙船的百姓会把龙船花与菖蒲、艾草一起插在龙船上。龙船疾驶时，船上的人和岸上的人相互抛花以求热闹吉祥，久而久之，这种花就叫龙船花了。其花语是争先恐后、健康吉祥。龙船花是缅甸的国花。当依思特哈族人家中有女儿出生后，就会用竹木制成一个能漂流的小花园，上面种满了龙船花。等到女儿长大出嫁的时候，就可以坐着这个小花园漂流下去，在下游的新郎等待迎接，接到新娘后，就一起牵手回家举行婚礼。

三角梅

Bougainvillea Comm. ex Juss

扫描二维码
了解更多

一 植物档案

　　三角梅别称叶子花、九重葛、簕杜鹃，紫茉莉科三角梅属半攀缘木本植物。三角梅属共有 18 个原种，300 多个品种。原产于南美洲的巴西、秘鲁、厄瓜多尔、阿根廷等国，在中国有近 150 年的栽培历史。三角梅花期长，开花量多且色彩丰富，可广泛应用于城市园林绿化与盆栽观赏。花可入药，具有解毒清热、调和气血的功效，对治疗妇女月经不调、疽毒有一定的效果。三角梅是赞比亚共和国国花，也是我国海南省省花，此外还是三亚、珠海、深圳、厦门等 20 多个市的市花，代表着热情、坚韧不拔、顽强奋进的精神。

二 植物有故事

　　三角梅于 1768 年首次被法国博物学家肯默生和珍妮在巴西发现，并以探险队队长、航海家布干维尔伯爵的姓氏而命名。在肯默生发现它后，于 1789 年由朱西厄首次在 Genera Plantarum 中以 "Buginvillea" 的名字登录。该属随后以多种方式拼写，直到 1930 年最终在邱园索引（Index Kewensis）中被确定为 "Bougainvillea"。在 19 世纪初，这是第一个被引入欧洲的物种。很快，法国和英国的商人在澳大利亚和整个前殖民地开始陆续出售三角梅的不同品种。赞美三角梅的文学作品不少，有代表性的诗歌包括《日光岩下的三角梅》《鹧鸪天·咏三角梅》等。

马缨丹

Lantana camara L.

扫描二维码
了解更多

一 植物档案

　　马缨丹别称五色梅、臭草，马鞭草科马缨丹属直立或蔓性灌木。茎呈四方形，有刺；叶片揉烂后有强烈的气味，故称为"臭草"。马缨丹原产于美洲热带地区，全球热带地区均有分布。其品种繁多，花色美丽，常作为观赏植物栽培于庭园。马缨丹具有清热解毒、祛风止痒的功效。因毒性较强，应遵医嘱使用。马缨丹茎秆的倒刺和柔毛容易导致人过敏，日常需要注意避免直接接触。

二 植物有故事

　　马缨丹又称为"五色梅"，有着美丽多彩的花朵，淡紫、紫红、粉红、橙黄、深黄等五颜六色共聚一丛，让人赏心悦目。其花语是开朗、活泼、家庭和睦。马缨丹耐干旱，抗贫瘠，对营养和光资源的捕获能力极强。在快速生长遮蔽下层植物的同时，也能通过化感作用干扰其他植物生长发育。这一特性常导致马缨丹下面寸草不生。

文心兰
Oncidium Sw.

扫描二维码
了解更多

一 植物档案

　　文心兰别称跳舞兰、吉祥兰、舞女兰等，兰科文心兰属多年生草本植物。附生或地生，假鳞茎呈卵圆形或圆形，叶长椭圆形或带状。它有 600 余个原生种，原产美洲的巴西、秘鲁、墨西哥等，遍布美洲热带及亚热带地区，西印度群岛一带也有分布。文心兰是世界上重要的兰花切花品种之一，适合于家庭居室和办公室瓶插，被插花界誉为切花"五美人"之一，也可以作为盆花摆放。

二 植物有故事

　　文心兰是文心兰属的总称，其属名"Oncidium"来自希腊文"onkos"，意为"肿块"，源于其唇瓣有凸起的胼胝体。文心兰花繁叶茂，一枝花茎上着生几十朵花，犹如一群舞女舒展长袖在绿叶丛中翩翩起舞，妙趣横生，故又称跳舞兰。相传，人们无意中见到了这种像在跳舞的兰花，发现其花形和花瓣像极了中国汉字中的"吉"字，寓意吉祥，于是取名为"吉祥兰"。从此以后，达官贵人将其作为富贵花、吉祥花在自己的府邸中栽种。其花语是快乐无忧、吉祥如意，寓意忘却烦忧。

文殊兰

Crinum asiaticum var. sinicum
(Roxb. ex Herb.) Baker

扫描二维码
了解更多

一 植物档案

　　文殊兰别称十八学士、文珠兰，石蒜科文殊兰属多年生草本植物。原产于印度尼西亚、苏门答腊等地，中国广东、福建等省有野生分布。文殊兰花叶俱美，具有较高的观赏价值和园林绿化价值，既可作园林景区绿地、住宅小区草坪的点缀植物，又可作庭院装饰花卉。文殊兰全株有毒，不可随意食用，但其鳞茎和叶子是很好的草药，可在医生的指导下用于治疗蛇咬伤、跌打损伤、咽喉肿痛、风热头痛、热毒疮肿等。

二 植物有故事

　　文殊兰是佛教"五树六花"之一。代表着"大智慧"的文殊菩萨，是一种带着"灵性"的花朵，"沾"上了文殊菩萨灵气的文殊兰，总是显得格外高贵、典雅大方，为众人所喜爱。因为文殊兰的每一朵花茎上通常带着18朵花，所以也用十八学士来称呼它。文殊兰花语是与君同行，伉俪之爱，人们常将它送给自己的另一半，代表着夫妻之间的相濡以沫。

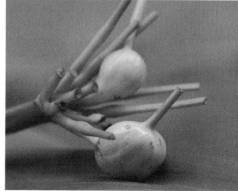

Crinum asiaticum var. *sinicum* (Roxb. ex Herb.) Baker　文殊兰　**19**

火焰木

Spathodea campanulata Beauv.

扫描二维码
了解更多

一 植物档案

  火焰木别称火烧花、喷泉树、火焰树，紫葳科火焰树属乔木，是加蓬共和国的国树。其树皮平滑，灰褐色，奇数羽状复叶，对生；伞房状花序，顶生，密集；花萼呈佛焰苞状，橘红色；原产非洲，现广泛栽培于印度、斯里兰卡和中国。中国广东、福建、云南（主要在西双版纳）均有栽培。火焰树是珍贵的热带木本花卉和优良的观赏树种，种子可以食用。

二　植物有故事

　　火焰树开花时花多而密集，花色猩红、艳丽，繁花满树的景象十分壮观，一簇簇花序似火焰般灿烂夺目，故名火焰木；因其花萼呈佛焰苞状，也称为佛焰树；又因其花朵为钟形，近似郁金香的花朵，又得名郁金香树。据说，在原产地非洲热带森林，其未开放的闭锁花朵内蓄满清水，已开花朵也可储存雨水或露水，可供人或鸟兽饮用，故又被称为喷泉树。火焰树的花富含糖类物质、有机酸、维生素等营养成分，还含有花青素等黄酮类物质；其树皮具有抗疟活性。

王莲
Victoria Lindl.

扫描二维码
了解更多

一 植物档案

　　王莲是睡莲科王莲属水生植物，为多年生或一年生大型浮叶草本植物。王莲拥有巨型奇特似盘的叶片，直径最大可达 3 米以上，因独特的叶脉构造，其具有极大的浮力，承重可达 70 千克。果实球形，形似玉米，又有"水中玉米"之称。王莲原产南美热带地区，主要产于巴西、玻利维亚等国。王莲是热带著名水生庭园观赏植物，观叶期可达半年，观花期可达 90 天，常与睡莲、荷花等配植，营造不同的景观效果。

二 植物有故事

　　王莲最早于 1801 年由德国植物学家亨克（Haenke）在南美旅行时，在亚马孙河一个名叫 Mamore（马莫雷）的支流中发现。1837 年，时逢维多利亚女王登基，英国植物学家约翰·林德利(John Lindley)用当时英国女王 Victoria（维多利亚）的名字作为王莲的属名。以英国女王名字作为属名的王莲，似乎生来就有王者的风范，其拥有世界上最为优美硕大的独特圆形叶片，在原产地热带美洲里占据着巨大的水域面积。由于单朵花花期一般有 3 天，花朵每天的颜色各不相同，被人们称为"善变的女神"。

Victoria Lindl. 王莲 **23**

扫描二维码
了解更多

凤凰木
Delonix regia (Bojer) Raf.

 植物档案

　　凤凰木别称金凤花、红花楹树、火树等，豆科凤凰木属乔木。树冠宽广，夏季开花，总状花序，红色花大。原产非洲马达加斯加，我国南方均有栽培。凤凰木被誉为世上色彩最鲜艳的树木之一，是非洲马达加斯加共和国的国树，也是我国厦门市市树、汕头市市花，以及汕头大学、厦门大学的校花。作为木材，它质地轻软，可作小型家具和工艺原料；豆荚在加勒比海地区被用作敲打乐器，称为沙沙（shak-shak）或沙球；树皮可以入药，有解热，治眩晕，缓解心烦不宁的功能；根部煮水，可有效缓解风湿性关节炎造成的疼痛。

二 植物有故事

　　凤凰木的花期为6—7月份。此时正是每年学子高考和大学生毕业的季节，憧憬未来的毕业生们相继离校，各奔东西，因而，在南方，凤凰木成了学生们留念的最佳合影背景。凤凰木既是希望之花，又是离别之花。其花语为离别、思念、火热青春。

Delonix regia (Bojer) Raf.　凤凰木　**25**

石斛兰
Dendrobium SW.

扫描二维码
了解更多

一 植物档案

　　石斛兰别称还魂草、吊兰、林兰等，兰科石斛属附生草本植物。其茎肉质、肥厚，叶革质，气生根旺盛。石斛兰属是兰科中最大的属之一，野生原生种约有1 500种，以亚洲为中心，分布于中国、日本、菲律宾、泰国、印度、马来西亚、澳大利亚、新西兰等国。石斛兰观赏价值高，可做切花和盆花，是四大观赏洋兰之一。国外将石斛兰称为"父亲节之花"。傣族姑娘常将其作为头饰或衣饰插在自己的头上或衣服上。石斛兰还是传统的中药材，其中铁皮石斛位列"十大仙草"之首。还有一些观赏性的石斛品种是当今倍受欢迎的盆花。

二 植物有故事

　　石斛兰是石斛属兰花的统称，属名 Dendrobium 是由希腊文 dendro（树）及
bios（生命）组合而来，有"附生于树上"之意。在云南傣族聚居地区，石斛被
当地人所崇拜。相传在傣历新年（泼水节）的第三天，隆重的"赶摆"之日，至
高无上的太阳神将来到人间体察民情，了解百姓的生活，给人们带来新生和希望。
为此，傣族人民对太阳神万分感激，当太阳神离去时，出现了一位女神，她手捧
金色灿烂"蛋花"（石斛兰），跪着送给太阳神。从此，这花便成了吉祥、喜庆之物。

光瓜栗
Pachira glabra Pasq.

扫描二维码
了解更多

一 植物档案

光瓜栗别称发财树、马拉巴栗，木棉科瓜栗属常绿小乔木。原产于巴西，在中国华南及西南地区广泛引种栽培。发财树株形美观，耐阴性强，是优良的室内盆栽观叶植物。在亚洲地区，公司开张、乔迁入伙时，人们都非常喜欢赠送光瓜栗，寓意财源滚滚，财运亨通，招财进宝。此外，它的生命力比较顽强，寓意着身体健康、长命百岁、平安幸福。

二 植物有故事

发财树，是光瓜栗的商品名，名字的来历是因为它有掌状叶，寓意手掌抓财。光瓜栗的国际通用名是 Pachiramacrocarpa，音译为"帕彩拉马科罗咔吧"，所以前半部分被最早引进它的广东人根据谐音读成"发财啦"，因此得名发财树。发财树的英文俗名叫 money tree。

巢蕨
Asplenium nidus Linn.

扫描二维码
了解更多

一 植物档案

　　巢蕨别称鸟巢蕨、山苏花，铁角蕨科巢蕨属植物。其带状叶片簇生在基部，形成鸟巢状的特殊结构，孢子囊群线形。巢蕨在热带和亚热带地区均有分布，我国广东、海南、云南、广西等地也有分布。鸟巢蕨具有浓郁的热带风情，是一种优良的阴生观叶植物和切叶材料，不仅是有效的空气"清新剂"，还含有丰富的维生素 A、钾、铁、钙和膳食纤维，味苦、温，入肾、肝二经，具有强壮筋骨、活血祛瘀的作用。嫩芽可食用，常作凉拌或炒食。

二 植物有故事

　　相传鸟巢蕨原本叫作山苏花，它曾是花姑娘的孩子。春天到了，花姑娘告诉自己的孩子们要在世界上开出最美丽的花来，于是牡丹、荷花、菊花和蜡梅都争先恐后地开放，希望可以开出世界上最美丽的花朵。可是山苏花却没有这个心思，她觉得没有必要抢着开花，反正早开花晚开花都是一样的，只要能开出美丽的花朵就行，于是错过一个又一个的开花季节。直到菊花也开了，她才睁开眼睛，只得叹息自己错过了开花的好机会。鸟巢蕨寓意洒脱和芳香长绿，代表着吉祥、富贵。

红花羊蹄甲

Bauhinia × *blakeana* Dunn

扫描二维码
了解更多

一 植物档案

　　红花羊蹄甲别称红花紫荆、洋紫荆、紫荆花，豆科羊蹄甲属常绿乔木。其叶片圆形或阔心形，花瓣5瓣，有香味。我国南方均有栽培。中华人民共和国香港特别行政区区徽、区旗及硬币上的图案均使用了紫荆花。红花羊蹄甲终年常绿繁茂，适于做行道树；树皮含单宁，可用作鞣料和染料；树根、树叶和花朵还可以入药，根能延年益寿，叶子泡澡、洗浴可以爽身，花还能驻颜美发。

二 植物有故事

　　红花羊蹄甲，花红色或紫红色，叶片顶端裂为两半，似羊或骆驼的蹄甲，故此得名。席慕蓉的散文《羊蹄甲》中描写："整棵树远看像是笼罩着一层粉色的烟雾"，花朵"精致如兰"。秦牧的《彩蝶树》则这样描绘："一树繁花，宛如千万彩蝶云集。"在香港的历史上，有一段关于紫荆花的故事。一百多年前，香港居民为反抗英国的入侵，前仆后继，无数勇士英勇就义。劫难过后，人们在桂角山建造了一座大型坟墓，合葬那些壮烈牺牲的英雄。后来，桂角山上长出一棵人们从未见过的开着紫红色花朵的树，很快这花开遍了香港。清明前后花开尤盛，民众将其命名为紫荆花，以纪念那些牺牲的烈士。红花羊蹄甲象征亲情，表达了对兄弟和睦的期盼。

夹竹桃
Nerium oleander L.

扫描二维码
了解更多

一 植物档案

　　夹竹桃别称半年红、柳叶桃、夹子桃，夹竹桃科夹竹桃属常绿灌木。高可达5米，枝条灰绿色，有白色乳汁。原产于印度、伊朗、尼泊尔，现广泛种植于世界热带地区。夹竹桃花具芳香，花期长，有红色、白色、粉色和黄色。其叶似竹叶，花若桃花，色彩艳丽，常被用于街道、路边、小区等绿化。夹竹桃的茎、叶、花均可提取制强心剂的成分，但全株有毒，接触其汁液容易中毒，中毒后恶心呕吐、腹泻，重者可致命。

二 植物有故事

　　明代诗人王世懋以"布叶疏疑竹，分花嫩似桃"形容夹竹桃。《花镜》亦说："因其花似桃，叶似竹，故得是名，非真桃也。"传说有个美丽的女孩（桃）爱上了一个倔强的男孩（竹），但遭到家人的极力反对，但两人的真爱让上天为之感动，说能够满足他们一个要求。桃说她一生最爱的就是美丽的桃花，而竹却倔强地想要保留竹一样的坚韧。从此，世上就多了一种叶似竹花似桃的植物——夹竹桃。

Nerium oleander L.　夹竹桃　**35**

红掌

Anthurium andraeanum Linden

扫描二维码
了解更多

一 植物档案

　　红掌别称安祖花、火鹤花等，天南星科花烛属多年生常绿草本植物。叶长心形或卵心形，佛焰苞革质、有光泽。原产于哥斯达黎加、哥伦比亚等热带雨林地区。常见的商业品种有大哥大、热情、马都拉、粉公主、紫公主、骄阳、小娇等，共有 70 多个品种。红掌花叶俱美，佛焰苞色泽鲜艳华丽，色彩丰富，花期长，是优质的切花和室内盆花材料。

二 植物有故事

　　红掌花语是大展宏图、热情、热血，单枝寓意孤"掌"难鸣，双枝寓意心心相印。红掌原产南美洲，原本生活在热带雨林潮湿、半阴的沟谷地带，如今因其独特的花型、鲜艳的花色备受人们的喜爱，并作为四大年宵花之一走进千家万户。红掌最初常被花艺师用来制作各类花艺作品，目前盆花更为常见。诗句"绿叶簇拥黄娟姝，花随红意展宏图"，将红掌绿色的叶片、黄色的花柱、红色的佛焰苞描述得十分贴切而又有意境，可见红掌多么受世人喜爱！现代诗人王俊平也称赞其"冷月疏灯笑满真，纤纤玉指点芳身。酣来断句诗千首，醉去涂鸦一缕魂。"

扶桑
Hibiscus rosa-sinensis Linn.

扫描二维码
了解更多

一 植物档案

　　扶桑别称朱槿、佛桑、大红花，锦葵科木槿属常绿灌木或小乔木。花瓣有单瓣、重瓣、台阁等花型，花色有单色和复色等多种色系，有3 000多个品种。其原产中国，全球广泛种植。扶桑花色鲜艳，花大形美，四季开花不断，主要用作园林景观和盆栽花卉，是世界名花。其根、叶、花均可入药，有清热利水、解毒消肿之功效。

二 植物有故事

　　扶桑是我国南宁、茂名、玉溪等市的市花，美国夏威夷州的州花，马来西亚、巴拿马、苏丹、斐济等国的国花。其花语是新鲜的爱、脱俗洁净。在我国的栽培历史悠久，《山海经·海外东经》就记载有"下有汤谷。汤谷上有扶桑，十日所浴，在黑齿北"，汤谷是神话传说中太阳升起之处。扶桑美丽动人，在明清时期获得了更多文人墨客的关注。明朝徐渭《闻里中有买得扶桑花者》诗其一云："忆别汤江五十霜，蛮花长忆烂扶桑。"

沙漠玫瑰
Adenium obesum (Forssk.) Roem. & Schult.

扫描二维码
了解更多

一 植物档案

　　沙漠玫瑰别称天宝花，夹竹桃科天宝花属多浆灌木或小乔木。树干肿胀肉质，花冠为漏斗状。原产地为东非至阿拉伯半岛南部，中国大部分地区有栽培。沙漠玫瑰植株矮小，树形苍劲，伞形花序三五成丛，灿烂似锦，可布置于山石间、小型庭园，或作为盆栽观赏。除有极高的观赏价值以外，沙漠玫瑰提取物对治疗乳腺癌、风湿病有一定的效果。

二 植物有故事

　　沙漠玫瑰原产于较为贫瘠、干旱的山地或荒地之中，但人们总传说它来自沙漠。传说在沙漠里有一种生长了千万年的石头，结晶后，变成了天生成对、开花后根茎相连、花如玫瑰的沙漠玫瑰。如果其中一株凋零，另一株也不再开花，并且慢慢枯萎，因此象征着专一的爱情。沙漠玫瑰花语是爱你不渝。

Adenium obesum (Forssk.) Roem. & Schult.　沙漠玫瑰　**41**

鸡蛋花
Plumeria rubra L.

扫描二维码
了解更多

一 **植物档案**

　　鸡蛋花别称蛋黄花、缅栀花，夹竹桃科鸡蛋花属落叶小乔木。原产墨西哥，现广泛种植于热带和亚热带地区。其枝条粗壮，带肉质，有丰富的白色汁液。现有杂交种、栽培种100多个。鸡蛋花树形美丽，是常见的绿化树种。花在夏威夷被制成花环，也是热情的西双版纳傣族人招待宾客的特色菜。鸡蛋花可作茶饮或入药，是某著名清凉植物饮料的重要配料，可清热解暑、润肺。其树皮、枝叶中的有毒乳汁，可外敷医治疥疮及红肿等症。

二 植物有故事

　　鸡蛋花是基里巴斯、尼加拉瓜、印度尼西亚和老挝的国花，是巴厘岛的岛花，以及广东省肇庆市的市花，代表着孕育希望、复活、新生的寓意。因其生长期长、树冠如盖、身姿优美，花朵典雅美丽、清香淡雅，被佛教寺院定为"五树六花"之一，又名"庙树"或"塔树"。鸡蛋花植株大都生长在土壤之中，然而广东肇庆所特有的"星岩蛋花"却生长在七星岩七座山岩的悬崖峭壁之上，汲山泉而生，极为珍贵。据报道，在珠海有一棵鸡蛋花树树龄已达400岁。

姜荷花
Curcuma alismatifolia Gagnep.

扫描二维码
了解更多

一 植物档案

　　姜荷花别称热带郁金香、泰国郁金香、暹罗郁金香等，姜科姜黄属多年生球根草本植物。叶片长椭圆形，中肋紫红色；穗状花序，花期较长。姜荷花原产泰国清迈，在当地是最常见的佛教用花，常被用来敬神礼佛，在中国华南地区有产业化栽培。姜荷花花大色艳，花序亭亭玉立，花清新典雅，状似荷花，花期长，既可观花，又可赏叶，常盆栽或用作切花，也适合于公园、绿地等片植于林下。

二 植物有故事

　　姜荷花花语是高洁清雅，被称为泰国郁金香或暹罗郁金香，这些别称源于其原产于泰国广阔的平原而又具有形似郁金香花朵的美丽苞片。在泰国的伊桑，漫山遍野的粉色姜荷花被称为 dok krachiao，每年 4 月花开最盛时，当地百姓会为姜荷花举办盛大的节日庆典。

Curcuma alismatifolia Gagnep. 姜荷花　　**45**

美人蕉
Canna indica L.

扫描二维码
了解更多

一 植物档案

美人蕉别称兰蕉、大花美人蕉，美人蕉科美人蕉属多年生草本植物。原产于美洲、亚洲、非洲热带地区，我国各地均有栽培。美人蕉花色艳丽丰富，叶似芭蕉。美人蕉不仅能美化人们的生活，还能吸收空气中有害物质，净化环境。其根状茎和花可入药，性凉，味甘、淡，清热利湿，安神降压，主治疮疡肿毒及急性黄疸型肝炎。

二 植物有故事

传说恶魔提婆达多暗中设计伤害佛陀。有一天，提婆达埋伏在佛陀经过的山丘，并投下滚滚大石谋害佛陀。幸好大石碎成好几千块小石片才没有砸中佛陀，但其中的一枚碎片伤到了佛陀的脚趾，佛陀流出来的血被大地吸了进去，长出了美丽艳红的美人蕉，同时大地也裂了开来，将卑劣的恶魔提婆达多给吞没了。在大自然中，灼热阳光下盛开的美人蕉，让人感受到它充满希望的旺盛的生命力。因此，美人蕉的花语是坚实的未来，美好的未来。

Canna indica L.　美人蕉　**47**

洋金凤
Caesalpinia pulcherrima (L.) Sw.

扫描二维码
了解更多

一 植物档案

　　洋金凤别称金凤花、黄金凤、蛱蝶花，苏木科苏木属大灌木或小乔木。具有羽状复叶，总状花序，蝶状花朵。原产西印度群岛（加勒比海），我国南方均有栽培。洋金凤的花形奇巧，花冠宛如飞凤展翅，故得名金凤花，又因为来源自南洋，得名洋金凤。其常用于园林绿化，根、茎、果均可入药，有活血通经的功效；但完全成熟的种子具有很高的毒性。

二 植物有故事

    洋金凤为加勒比岛国巴巴多斯的国花，也是我国广东省汕头市的市花，还是汕头大学、厦门大学的校花。洋金凤花语是友好以及智慧。西班牙植物学家弗朗西斯科·埃尔南德斯在 16 世纪初期首次科学记录了洋金凤，很快这种"孔雀树（peacock plant）"就风靡了欧洲的园林，包括著名植物学家林奈（Carl Linnaeus）的植物园。

炮仗花
Pyrostegia venusta (Ker-Gawl.) Miers

扫描二维码
了解更多

一 植物档案

炮仗花别称鞭炮花、火把花、火焰藤，紫葳科炮仗藤属藤本植物。原产南美洲巴西，在亚洲热带已广泛作为庭园观赏藤架植物栽培，多植于庭园建筑物的四周，攀缘于凉棚上。初夏时，其红橙色的花朵累累成串，状如鞭炮，故有炮仗花之称，我国广东、海南、广西、福建、云南等地均有栽培。据记载，炮仗花"花，润肺止咳，茎叶，清热利咽。治肺结核，咳嗽，咽喉肿痛，肝炎，支气管炎"。

二 植物有故事

很久以前，有一个藏族青年非常喜欢当地的一个年轻貌美的姑娘，姑娘也被他吸引了，但可惜的是女方家长不同意这桩婚事。年轻人为了讨得对方父母的欢心，答应女方母亲为她寻找治疗身体疼痛的良药。后经高僧指点，在高山悬崖上寻得一种藤蔓，由于这棵藤蔓开出的花，花形与鞭炮相似，后来大家便叫它炮仗花了。炮仗花的花语也非常朴实，接地气，就是红红火火的好日子，象征富贵吉祥，一帆风顺。

Pyrostegia venusta (Ker-Gawl.) Miers　炮仗花　**51**

旅人蕉

Ravenala madagascariensis Adans.

扫描二维码
了解更多

一 植物档案

旅人蕉别称旅人木、水木、孔雀树，芭蕉科旅人蕉属常绿大型草本。树干像棕榈，叶似蕉叶。原产非洲马达加斯加，我国南方广为种植。旅人蕉仅有 1 种。其树形别致，富有浓郁的热带风光，是常见的绿化树种。其叶鞘内可以贮存雨水，加上叶柄自身光滑的表皮且包被一层蜡质皮粉，因此能有效地防止水分蒸发；旅人蕉果实外形像黄瓜，可食用。

二 植物有故事

在很久以前，有一支阿拉伯商队进入了马达加斯加的沙漠中。经过长途跋涉，水早已喝尽，商人们个个口渴难耐。于是，一个商人抽出长刀准备杀骆驼取血解渴，却被旁边的另一个商人阻止。他气得把刀扎进身旁的树干上，这时，奇迹出现了，树上被刀扎的地方竟然流出了清水。从此，这种能储水的树，就有一个特别的名称，叫作"旅人蕉"，也叫"救命之树"。另外，旅人蕉还是马达加斯加的国树。"国际植物园保护联盟"选用旅人蕉的形象作为其图标。

Ravenala madagascariensis Adans. 旅人蕉   53

桃金娘

Rhodomyrtus tomentosa (Ait.) Hassk.

扫描二维码
了解更多

一 植物档案

桃金娘别称岗菍、山菍、桃舅娘等，桃金娘科桃金娘属常绿灌木。高可达 2 米，花期 4—5 月，浆果熟时紫黑色。产于海南、福建、广东、广西、云南、贵州及湖南南部。其常用于园林绿化、生态环境建设，是山坡复绿、水土保持的常绿灌木。桃金娘的果实可食用，也可酿酒，还是鸟类的天然食源。其全株供药用，有活血通络，收敛止泻，补虚止血的功效。

二 植物有故事

宋代的大文豪苏轼在被贬到偏远的儋州时，他经由滕州去往儋州，到目的地后留下了较为详细的记录："吾谪居海南，以五月出陆至滕州，自滕至儋，野花夹道，如芍药而小，红鲜可爱，朴薮丛生，土人云倒捻子花也。至儋则已结子如马乳，烂紫可食，殊甘美。中有细核，并嚼之，瑟瑟有声。亦颇涩沁。童儿食之，或大便难。"

Rhodomyrtus tomentosa (Ait.) Hassk.　桃金娘　**55**

使君子
Quisqualis indica Linn.

扫描二维码
了解更多

一 植物档案

　　使君子别称舀求子、四君子、史君子，使君子科使君子属攀缘状灌木。顶生穗状花序，花朵美丽鲜艳，初开白色，渐渐地变成粉色至红色，清香。花期 5 月到 9 月，果期 11 月。使君子分布于四川、贵州至岭南以南各处。其攀缘性较强，花美丽且具香气，可以制作绿篱和绿棚，在园林观赏中是良好的应用树种。

二 植物有故事

　　我国福建民间七夕的驱虫保健习俗十分热闹有趣。相传名医"保生大帝"吴本（公元 979—1036 年）倡导大家七夕吃使君子和石榴驱虫，大家遵嘱去做，相沿成习。福建人为感念吴本的高尚品德和高超医术尊其为"医灵真人"，明成祖追封其为"万寿无极保生大帝"。福建直到今天仍沿袭七夕吃使君子、石榴的养生习惯。唐代诗人林杰曾诗云："七夕今宵看碧霄，牵牛织女渡河桥。家家乞巧望秋月，穿尽红丝几万条。"使君子的花语是身体健康。

猪笼草
Nepenthes mirabilis (Lour.) Druce

扫描二维码
了解更多

一 植物档案

　　猪笼草别称猪仔瓶、担水桶、雷公壶等，猪笼草科猪笼草属多年生草本攀缘植物。其叶构造复杂，分叶柄、叶身和卷须。卷须尾部扩大并反卷形成瓶状，可捕食昆虫。猪笼草具有总状花序，开绿色或紫色小花，叶顶的瓶状体是捕食昆虫的工具。瓶状体的瓶盖覆面能分泌香味，引诱昆虫。瓶口光滑，昆虫会被滑落瓶内，被瓶底分泌的液体淹死，并分解虫体营养物质，逐渐消化吸收。猪笼草主要分布于东南亚一带，我国主要分布在广东、广西和海南。除用作室内观赏外，猪笼草干燥的茎叶可入药，主治肺燥咳嗽、百日咳、黄疸、胃痛、痢疾、水肿、虫咬伤等。

二　植物有故事

　　猪笼草由植物学家林奈 1753 年定名。相传来源于古希腊诗人荷马的史诗《奥德赛》，在这部史诗中记载着海伦在葡萄酒中加入了一种名为 Nepenthe 的麻醉药，使饮用了这种酒的男人忘记忧愁和苦恼。而当时，古希腊人饮酒用的牛角杯与猪笼草的瓶状捕虫器较为相似，于是林奈就富有诗意地将这种荷马史诗中使人失去记忆的麻醉药的名字给了猪笼草属。猪笼草的捕虫瓶被赋予"猪笼进水""财源滚滚"及"代代平安"等吉祥之意。

Nepenthes mirabilis (Lour.) Druce　猪笼草　　**59**

假鹰爪
Desmos chinensis Lour.

扫描二维码
了解更多

一 植物档案

假鹰爪别称山指甲、狗牙花，番荔枝科假鹰爪属直立或攀缘灌木。其花初开时呈绿色，后转为黄白色，花瓣长条形。分布于中国广东、广西、云南和贵州。假鹰爪花香气浓郁持久，且树形美观，花果俱佳，是一种理想的观赏花卉和庭园绿化苗木。假鹰爪花香味类似于依兰香，可提取芳香油，可供制造化妆品、香皂用香精等。此外，假鹰爪的根、叶可供药用。茎皮纤维可作人造棉和造纸原料，亦可代替麻制绳索。

二 植物有故事

　　假鹰爪终年常绿。易修剪成球形或半球形的树形。夏末秋初开花，呈黄绿色
至黄色，散溢浓馥清香扑鼻，沁人肺腑，给人以"只闻花飘香，不知花何处"的
美妙意境。秋冬果实成熟时，成束成串于绿叶中悬垂托出，红绿交映，惹人喜爱。
假鹰爪无疑是闻香赏果的优良园林花木。在海南乡下常有人移植于自家院子中，
野外丘陵山坡、林缘灌木也较常见。

紫薇

Lagerstroemia indica Linn.

扫描二维码
了解更多

一 植物档案

　　紫薇别称痒痒花、紫金花、百日红等，千屈菜科紫薇属落叶灌木或小乔木。其树皮平滑，灰色或灰褐色，圆锥花序顶生，花期5—9月，果实椭圆状球形或阔椭圆形，在花后常宿存于枝顶，果期10—12月。分布于华东、中南及西南各地。因其花色鲜艳美丽，花期长，寿命长，现热带亚热带地区已广泛栽培为庭园观赏树，有时亦作盆景。其根、皮、叶、花皆可入药。

二 植物有故事

紫薇是我国传统名花,其历史故事、典故、诗歌流传较多。唐代诗人杜牧曾写过:"晓迎秋露一枝新,不占园中最上春。桃李无言又何在,向风偏笑艳阳人。"唐代诗人白居易曾写过:"紫薇花对紫微翁,名目虽同貌不同。独占芳菲当夏景,不将颜色托春风。"白居易也写有紫薇诗:"丝纶阁下文章静,钟鼓楼中刻漏长;独坐黄昏谁是伴?紫薇花对紫微郎!"宋杨万里有诗赞:"谁道花无百日红,紫薇长放半年花。"

琼崖海棠
Calophyllum inophyllum Linn.

扫描二维码
了解更多

一 植物档案

　　琼崖海棠别称海棠木、君子树等，藤黄科红厚壳属常绿乔木。其树皮厚，有纵裂缝，花白色，微香。花期3—6月，果期9—11月。广布于南亚、东南亚、南太平洋等地。琼崖海棠树姿美观，气味芬芳，是城市绿化的好树种。琼崖海棠的种子可提炼油，供工业用，加工去毒和精炼后可食用，也可供医药用；其木材质地坚实，较重，为优良木材，可供家具等用；树皮含单宁15%，可提制栲胶。

二 植物有故事

　　琼崖海棠在很久以前就被海南人民广为种植，勤劳的人民采摘果仁晾晒干燥后，经过简单压榨，获得黏稠滑腻、色泽暗绿的海棠油。这油带有穿心莲叶片似的青苦腥味，所以海南人又叫它苦油或是臭油。苦油黏稠味苦，不能食用，但却因其易燃耐烧，成为照明的首选。《崖州志》中对它有寥寥数语的记载："粗皮礌砢，株柯拳曲。子可榨油。"描绘出了它的形与用。

Calophyllum inophyllum Linn. 琼崖海棠 **65**

睡莲
Nymphaea Georgi

扫描二维码
了解更多

一 植物档案

　　睡莲别名水浮莲、子午莲，睡莲科睡莲属多年生浮叶型水生草本植物。其叶浮生于水面，根状茎肥厚，花浮水或挺水。广泛分布于欧亚大陆、美洲、非洲及大洋洲等各地均有分布。全世界睡莲属原生植物有 40 ~ 50 种，中国有 5 种。目前市场上品种已超过 300 个，常见的有蓝鸟、印度红、热带落日、泰国紫、公牛眼等。睡莲被称为"水生植物皇后""水中睡美人"，广泛应用在水体美化、生态恢复工程中，另外，其还是深受欢迎的切花材料。

二　植物有故事

　　睡莲学名来源于希腊神话和北欧神话中的水中仙女宁芙。睡莲是埃及、泰国、孟加拉国、柬埔寨和阿拉伯的国花，以及佛教文化的代表，常作为供花应用在庙宇中。

蝴蝶兰
Phalaenopsis Bl.

扫描二维码
了解更多

一 植物档案

　　蝴蝶兰别称蝶兰，兰科蝴蝶兰属附生草本。肉质根发达，叶质地厚，扁平。原产热带亚热带雨林地区，是高档室内花卉之一，有"洋兰皇后"之称。全属共有 70 多个原生种，我国有 6 种，栽培种超过上千个。兰花除了直接应用在生活中外，还可以用来创作各种艺术品和装饰品，比如插花、押花、干花或花束、花篮、花圈、佩花以及盆景栽培等，制作出具有观赏性和花卉艺术品。

二 植物有故事

　　著名的植物学家布鲁姆博士在考察距离爪哇不远的一个岛时，他翻山越岭，蹚过沼泽，沿途看到很多兰花，但都是常见品种。一次，他走累的时候坐下来用望远镜眺望远处，发现在一处低洼的水面上有一群蝴蝶，仔细观看，发现这些白色的蝴蝶悬挂在树上纹丝不动。出于好奇，布鲁姆博士便过河到达对岸，惊喜地发现这些美丽的"白色蝴蝶"是一种兰花。蝴蝶兰花朵娇俏美丽，似朵朵蝴蝶飞舞，有"幸福向您飞来"之意。

鹤蕉

Heliconia Linn.

扫描二维码
了解更多

一 植物档案

鹤蕉别称赫蕉、蝎尾蕉，鹤蕉科鹤蕉属（蝎尾蕉科蝎尾蕉属）多年生草本植物。其叶片长圆形，有长柄，花多朵于舟状苞片内排成聚伞花序。原产热带美洲，多数热带岛屿均有种植，是深受美洲热带地区、太平洋各岛国人们喜爱的切花。我国以海南、广东引种较多。鹤蕉耐阴耐涝，是很好的庭园植物和湿地植物；亚热带和温带地区亦可室内盆栽，多使用其矮小的品种。

二 植物有故事

鹤蕉是具有智慧的植物"精灵"。在昆虫及蜂鸟等148种传粉者中，鹤蕉可以准确区分2种长喙蜂鸟的到访，并相应地延长花粉管，而通过破坏花朵获取花蜜的短喙蜂鸟则无法获得这种响应。

千日红
Gomphrena globosa Linn.

扫描二维码
了解更多

一 植物档案

千日红别称百日红、火球花，苋科千日红属一年生草本植物。顶生球形或长圆形头状花序，花干而不凋。原产美洲热带，我国南北各省均有栽培。常见的有紫色、红色、粉红色和白色。千日红在历史上早就有应用，如今除用作花坛及盆景外，还可作花环、花篮等装饰品。其花可作为茶饮，还可入药，有止咳定喘、平肝明目功效。

二 植物有故事

民间一直流传着祭拜七娘妈的习俗。在民众心目中，七娘妈即是织女及其六个姐妹，是儿童的守护神。祭拜之时，人们会准备鸡冠花和千日红，有"多子多福"的吉祥寓意。在泰国，人们

每周七天的颜色都会用神的名字来命名，习惯将自己出生那天所代表的颜色作为幸运色。星期天出生的人们，幸运色是红色，佩戴鲜艳的红色千日红花环是最合适的选择。星期六出生的人们选择紫色。泰国人还尊崇白色，在泰语里，"白"常常代表健康与纯洁。各种颜色的千日红会被串成主花环、副花环、流苏串，并佩戴在身上以此来祈福。千日红的花语是不灭的爱。

Gomphrena globosa Linn. 千日红 **73**

金蒲桃

Xanthostemon chrysanthus
(F. Muell.) Benth.

扫描二维码
了解更多

一 植物档案

　　金蒲桃别名黄金熊猫、澳洲黄花树、黄金蒲桃，桃金娘科金缨木属常绿灌木或乔木。其叶片革质，新叶带有红色，搓揉后有番石榴气味。金蒲桃的花极具特色，花色金黄色、聚伞花序密集呈球状，如同憨态可掬的金色熊猫，因此其'黄金熊猫'的名称广为流传；冬春时一簇簇金黄色的花朵状如黄绣球缀满枝头，亮丽夺目，是十分优良的园林绿化树种，适宜做园景树、行道树，幼株可盆栽。金蒲桃原产于澳大利亚昆西士兰的热带雨林中，我国的海南、福建、广东等地有引种栽培。

二 植物有故事

　　黄金熊猫的英文名为 Golden（Yellow）Penda，其中 Penda 来源于斯瓦希里语（非洲），原意为"爱"，英文中常用于女性名字。Penda 与 Panda 仅有一个字母的差别，又因为其聚伞花序密集神似熊猫，因此在传入中国时，阴差阳错被翻译为了"黄金熊猫"，并流传开来。

Xanthostemon chrysanthus (F. Muell.) Benth.　金蒲桃　**75**

烟火树

Clerodendrum quadriloculare
(Blanco) Merr.

扫描二维码
了解更多

一 植物档案

　　烟火树别名星烁山茉莉、烟火木，唇形科大青属常绿灌木或小乔木。其幼枝方形、墨绿色，叶对生、表面深绿色、背面暗紫红色，很有辨识度。烟火树为顶生的聚伞状圆锥花序，小花极多、紫红色，花冠裂片内侧白色，冬春时盛开，花期可达半年。原产于菲律宾、新几内亚岛与太平洋群岛等地；我国华南地区有栽培。烟火树花如其名，花开时宛如星星闪烁、又如团团爆发的烟火，花姿优美，无花时也是一种优良的观叶植物；适于华南和西南南部庭园栽培观赏，宜孤植或丛植于公园绿地、城市绿化等空旷地或花境配置。其根具有疏肝理气、益肾强精、养胃和中、补血调经等功效，对肝气不舒、脘腹胀满、月经不调等症有一定的疗效。

二 植物有故事

    烟火树的属名"Clerodendrum"来源于希腊文"kleros"和"dendron"的组合，分别意为"宿命"和"树"；种加词"quadriloculare"来源于拉丁语中的"quator"和"loculus"，形象描述了嫩枝具有四棱的特性。僧伽罗语中，烟火树被称为"pinnacola"，是命运多舛的意思。在菲律宾，烟火树又有了 bagawak-morado 这样一个古怪的名字，前部分是菲律宾语、后部分是西班牙语"紫肺"。

鸡冠刺桐

Erythrina crista-galli L.

扫描二维码
了解更多

一 植物档案

　　鸡冠刺桐别称海红豆、鸡冠豆、巴西刺桐、象牙红、辣椒花、冠刺桐、赛波树，豆科刺桐属落叶灌木或小乔木。原产于巴西，在中国广东、云南有栽培。鸡冠刺桐因其形态酷似鸡冠而得名，是花卉苗木观赏树种中优良的树种。可在园林绿化、庭院、公路、风景区的草坪、水塘边作庇荫树或行道树，适宜单独种植或与其他花木搭配种植观赏。

二 植物有故事

    鸡冠刺桐被阿根廷人叫做赛波树。在西班牙殖民统治时期，拉普拉塔地区的印第安人不断奋起反抗。传说，在一次战斗中，一位印第安部落酋长不幸阵亡，她的女儿阿娜依挺身而出，指挥战斗，与西班牙殖民者浴血死战，最终她也被俘。西班牙殖民者将阿娜依绑在一棵赛波树上，用火烧她，最后，阿娜依在熊熊大火中慷慨就义。此时，花期未到的树上突然盛开出满树满枝灿若云霞、如火似血的红花。英勇的阿娜依成为阿根廷人民心目中的女英雄，赛波树便成为阿娜依的化身。1942 年，阿根廷通过一项法令，正式确定赛波树为国树，赛波花为阿根廷的国花。

Erythrina crista-galli L.　鸡冠刺桐　**79**

红纸扇

Mussaenda erythrophylla
Schumach. & Thonn.

扫描二维码
了解更多

一 植物档案

　　红纸扇又称血萼花、红叶金花。茜草科玉叶金花属常绿或半落叶直立性或攀缘状灌木。其叶椭圆形，长 7 ~ 9 厘米，叶脉红色。聚伞花序，花冠黄色。一些花的一枚萼片扩大成叶状，深红色，卵圆形，长 3.5 ~ 5 厘米。原产西非，中国有引种。花期夏、秋季。红纸扇更具观赏价值的是深红色叶状萼片，如片片红云绽放枝顶，形成"绿叶衬红花"的美景。园林上常配置于林边，草坪周围或小庭院内，颇具野趣，是优良的园林绿化灌木。

二 植物有故事

　　红纸扇，不熟悉的人会以为是红色的纸扇子。其实是由于它的纸质叶状萼片像小红扇子般而得名。我们常认为红色的部分是花，其实被萼片包围的黄白色五星花，才是"真主"。红纸扇也被科学家称为植物界的"广告达人"，因为在地球上，不仅仅是人类会做五花八门的广告招揽生意，植物为了招蝶引蜂完成传宗接代的重要任务，也会使出浑身解数。红纸扇由于自身那淡黄色的小小花不显眼，丝毫引不起"狂蜂浪蝶"的兴趣，但又必须依靠这些蜂蝶来传粉，唯有想尽办法打出吸引眼球的"广告"来诱惑蜂蝶，于是聪明的它将一枚萼片变态成鲜红的叶状，红艳夺目，煞是好看的"花"，终于引得"蜂儿忙蝶儿醉"。

木芙蓉

Hibiscus mutabilis Linn.

扫描二维码
了解更多

一 植物档案

　　木芙蓉别称芙蓉花、拒霜花、木莲、地芙蓉、华木，锦葵科木槿属落叶灌木或小乔木。高 2～5 米；叶宽卵形至圆卵形、心形或裂片三角形；花初开时白色或淡红色，后变深红色，花瓣近圆形，直径 4～5 厘米。蒴果扁球形，直径约 2.5 厘米；种子肾形。木芙蓉分布于我国辽宁、河北、山东、陕西、安徽、江苏、浙江、江西、福建、云南、广东、广西、湖南、湖北、四川、贵州等省（自治区）。东南亚各国也有栽培。其茎皮含纤维素 39%，耐水、洁白柔韧，可供纺织，制绳、缆索，作麻类代用品和原料，也可造纸。古人还用木芙蓉鲜花捣汁为浆，染丝作帐，其成品即为有名的"芙蓉帐"。木芙蓉花可烹食，具有清热解毒、消肿排脓、凉血止血等功效。

二 植物有故事

　　五代后蜀皇帝孟昶，有妃子名"花蕊夫人"，她不但妩媚娇艳，还特别喜欢花。有一年她去逛花市，在百花中，一丛丛一树树的芙蓉花如天上彩云滚滚而来，她看到后特别喜欢。孟昶为讨爱妃欢心，于是，颁发诏令，在成都"城头尽种芙蓉，秋间盛开，蔚若锦绣"。待到来年花开时节，成都就"四十里如锦绣"。广政十二年（公元949年）十月，孟昶携花蕊夫人一同登上城楼，相依相偎观赏灿若朝霞的木芙蓉花。成都自此也就有了"芙蓉城"的美称。后来，后蜀灭亡，花蕊夫人被宋朝皇帝赵匡胤掠入后宫。花蕊夫人常常思念孟昶，偷偷珍藏他的画像，以解思念之情。赵匡胤知道后，逼迫她交出画像。但花蕊夫人坚决不从，赵匡胤一怒之下将她杀死。后人敬仰花蕊夫人对爱情的忠贞不渝，尊她为"芙蓉花神"，所以芙蓉花又被称为"爱情花"。

金苞花
Pachystachys lutea Nee

扫描二维码
了解更多

一 植物档案

金苞花别称黄虾花、珊瑚爵床、金苞虾衣、黄金宝塔，爵床科金苞花属常绿灌木。其植株高达1米，多分枝。金苞花叶色亮绿，花序苞片排列紧密，呈黄色，花白色素雅，花形别致，整个花序形如金黄色的虾。分布在我国云南、广东、海南等省。其花期长，观赏价值高，常片植于花坛、公园入口等，也可以盆栽布置室内客厅、书房、几案等处。

二 植物有故事

金苞花的花语寓意为飞黄腾达、百年好合。因为它开花的时候远看就像一只灵动的小虾，层层叠叠的黄色苞片外面伸展出白色的小花，它们相互依偎、映衬，呈现出温馨、祥和的画面，就像一对相伴的恋人一样，离不开彼此。它的花色多是金黄色的，是一种喜庆、吉祥的颜色，因此有飞黄腾达之意。

Pachystachys lutea Nee　金苞花　**85**

栀子
Gardenia jasminoides Ellis

扫描二维码
了解更多

一 植物档案

　　栀子别称黄果子、山黄枝、黄栀、山栀子等，茜草科栀子属。栀子花叶色四季常绿，花芳香素雅，绿叶白花，格外清丽可爱。栀子植株大多比较低矮，高0.3～3米，干灰色，小枝绿色；花白色，大而芳香，花冠高脚碟状，一般呈六瓣，有重瓣；浆果，卵状至长椭圆状种子多而扁平，嵌生于肉质胎座上；其花期较长，从5—6月连续开花至8月，果熟期10月。栀子原产中国，集中在华东和西南、中南多数地区，福建、贵州、浙江等省份亦有种植。栀子根、叶、果实均可入药，有泻火除烦、消炎祛热、清热利尿，凉血解毒之功效。栀子花采用浸提法可生产栀子花浸膏，可作化妆品香料和食品香料；采用水蒸气蒸馏法可生产栀子花油，可配制多种花香型香水、香皂、化妆品香精等。

二 植物有故事

　　传说栀子花是七仙女之一，天庭中的寂寞生活，让她憧憬人间的美丽。于是，栀子花下凡化作了一棵树。正巧一位生活贫困又孤单的农夫看见了，就把这棵小树移回了家，百般呵护。小树在农夫的照料下生机盎然，到了夏天开出了许多芬芳的小白花。栀子花为了报答农夫的恩情，白天幻化成人为主人洗衣做饭，晚上变回栀子花，飘香满院。不久，周围的邻居都知道了栀子花的事，家家户户都种上了一棵。就这样，栀子花花开遍地，香满人间。

红穗铁苋菜

Acalypha hispida Burm. F.

扫描二维码
了解更多

一 植物档案

红穗铁苋菜别称狗尾红，大戟科铁苋菜属灌木。原产印度、缅甸、马来西亚，在热带、亚热带地区广泛栽培，为庭园观赏植物。其植株高0.5～3米。狗尾状的荑荑，花序色泽鲜艳，雌花近卵形，长约0.8毫米，顶端急尖，具短毛。红穗铁苋菜性喜温暖、湿润和阳光充足的环境，越冬需18℃以上，不耐寒冷。其全株可入药，根及树皮有祛痰之效，治气喘。叶有收敛之效。花穗有清热利湿，凉血止血之效，治肠炎，痢疾，疳积。外用治火烫伤，肢体溃疡。红穗铁苋菜外观美丽大方，是最常见的观赏植物之一。除室内种植外，也可将其种植在公园、园林或者是庭院当中，无论是片植还是单独栽种，都有很好的观赏效果。

二 植物有故事

狗尾红的外形独特，小花的造型异于常规的花朵，没有片状花瓣，而是组合成"荑荑花序"。该植物株形优美，长长的花穗红红的，微微下垂，就像是小狗的尾巴，姿态可爱，十分有趣。根据其外形和颜色，狗尾红寓意着一年红红火火，人旺气旺身体旺。

Acalypha hispida Burm. F.　红穗铁苋菜　**89**

含羞草
Mimosa pudica Linn.

扫描二维码
了解更多

一 植物档案

含羞草别称感应草、知羞草、害羞草等，含羞草科含羞草属披散、亚灌木状草本植物。其植株高可达1米；茎圆柱状，具分枝；羽状复叶，小叶10～20对，线状长圆形；头状花序长圆形，花小，淡红色；荚果长圆形，扁平，稍弯曲，荚缘波状，具刺毛，成熟时荚节脱落；种子卵形，长3.5毫米。花期3—10月；果期5—11月。含羞草原产热带美洲，已广布于世界热带地区。我国主要分布在云南、福建、广东、广西等地。可作家庭观赏植物。全草甘涩凉，可宁心安神，清热解毒；根涩、微苦、有毒，用于止咳化痰，利湿通络，和胃消积。

二 植物有故事

　　传说，含羞草和"闭月羞花"这个典故有关，闭月羞花里羞花的那位说的就是杨玉环，那个时候的杨玉环，还是皇上后宫佳丽三千里不起眼的一位。有一天，杨玉环在皇宫里的后花园散心，一想到以后在这深宫之中的日子，就和这满院子的花儿诉说衷肠，就在此时，杨玉环碰到了含羞草，结果植株的叶子就缩了起来。这一幕恰好就被皇宫里的宫女瞧见，到处去说杨玉环的美貌赛过天仙，把花儿都羞得不好意思抬起头来了。其实，杨玉环碰到的是含羞草，谁碰到都会叶子缩起来。但是不管怎样，杨玉环却因此获得了皇帝的青睐，因为皇上听说宫中有个能让花害羞的美人，召见后发现其果真美貌非凡，于是，封其为杨贵妃，从此，杨贵妃便有了"羞花"的美誉。

空气凤梨

Tillandsia L.

扫描二维码
了解更多

一 植物档案

空气凤梨别称空气花、空气草、木柄凤梨、空凤，凤梨科铁兰属附生植物。有近550个品种及103个变种，是凤梨科（Bromeliad）家族中最多样的一群。大型品种一般能长到几米大小，小型品种一般几厘米左右，比如松萝凤梨。凤梨品种繁多，形态各异，有赏叶品种，也有观花品种。空气凤梨主要分布在美洲，从美国东部弗吉尼亚州穿过墨西哥、中美洲，一直延伸到阿根廷南部，品种大都来自拉丁美洲。许多种类栖息于沼泽区、热带雨林区、雾林区，还有一些生存在干旱高热的沙漠里、岩石上、树木（甚至是仙人掌）上等。空气凤梨作为室内植物点缀家居，十分时尚。空气凤梨可黏附于枯木上、岩石上，或放置于贝壳上、盆器上，只要根部不积水均能生长。

二 植物有故事

　　空气凤梨是地球上唯一完全生于空气中的植物，不用泥土即可生长茂盛，并能绽放出鲜艳的花朵。它们品种繁多，形态各异，既能赏叶，又可观花，具有装饰效果好、可净化空气、适应性强等优点。种植空气凤梨，必须给予它合适的栖身之地。它大致可分为两类，吊挂式和粘贴式。如果喜欢自然简单地就可以采用吊挂式，因为它的方法较简单，只需用线或绳，就可使它吊挂在半空；而粘贴式较吊挂式变化多，不仅美观而且更加适合用来送礼，或作家居、办公室的小摆设。空气凤梨的花语是不拘一格。

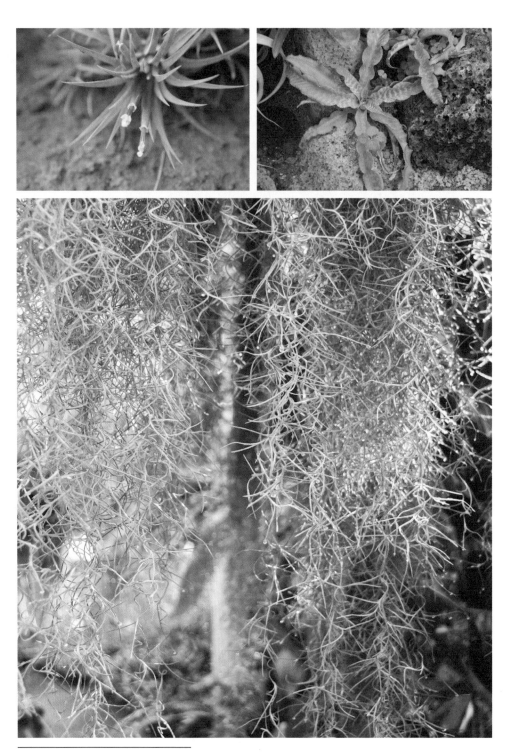

中央级公益性科研院所基本科研业务费专项（项目名称：特色热带植物创新文化研究，项目编号：1630012022015）和国家大宗蔬菜产业技术体系花卉海口综合试验站专项资金（CARS-23-G60）资助